JN109904

**シン・動物ガチンコ対決**
**サバナの甲冑侍 サイ VS 水辺の大口武者 カバ**

---

2022年 12月 22日　初版第1刷発行

著／ジェリー・パロッタ
絵／ロブ・ボルスター
訳／大西 昧

発行者／西村保彦
発行所／鈴木出版株式会社
〒101-0051
東京都千代田区神田神保町2-3-1 岩波書店アネックスビル5F
電話／03-6272-8001
FAX／03-6272-8016
振替／00110-0-34090
ホームページ　http://www.suzuki-syuppan.co.jp/

印刷／株式会社ウイル・コーポレーション

ブックデザイン／宮下 豊


ISBN978-4-7902-3393-0 C8345 NDC489／32P／30.3×20.3cm


WHO WOULD WIN?
RHINO vs HIPPO

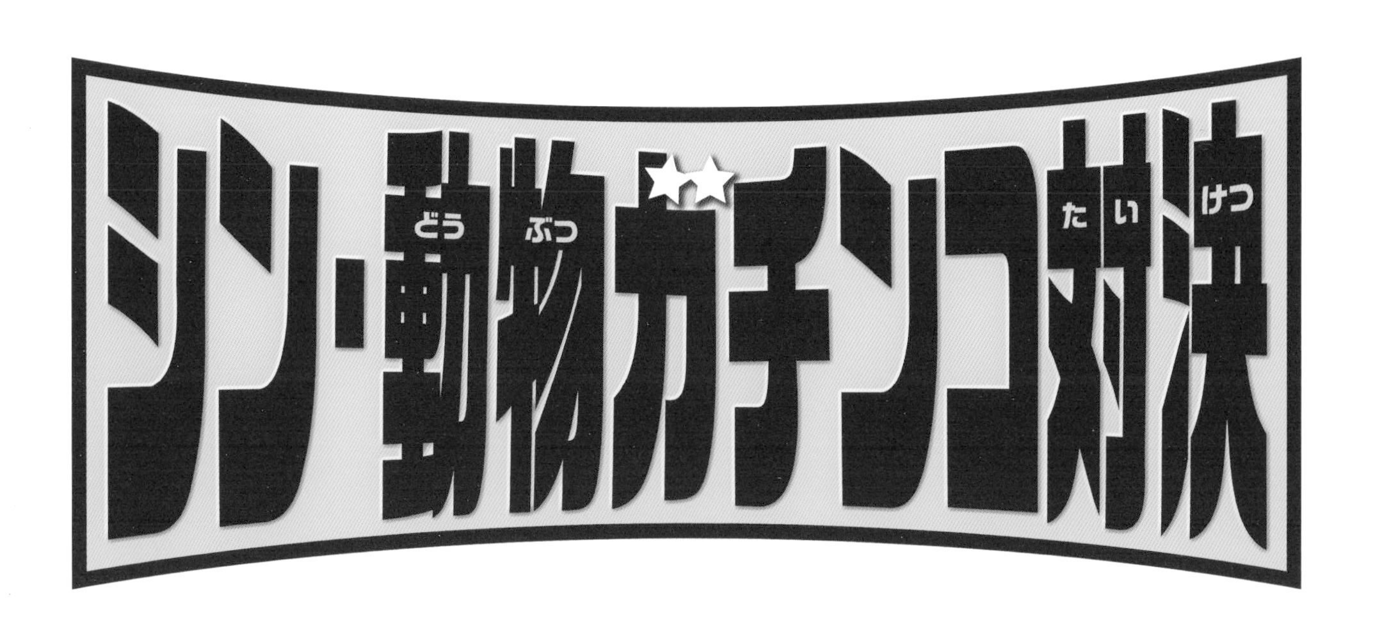


サバナの甲冑侍

サイ

水辺の大口武者

カバ

ジェリー・パロッタ 著
ロブ・ボルスター 絵
大西 昧 訳

すずき出版

The publisher would like to thank the following for their kind permission to use their photographs in this book:
Page 10 bottom image: Juniors / SuperStock; page 11 bottom image: AFP / Getty Images; page 12 top image: www.skullsunlimited.com; page 13 top image: www.skullsunlimited.com; page 14 center image: Martin Zwick / age fotostock / SuperStock; page 15 center image: Victoria Stone & Mark Deeble / Getty Images; page 20 full-page image: Chokniti Khongchum / Shutterstock; page 21 full-page image: vovol / Shutterstock.

友だちのショーン、カラン、マリアリスに。── J.P.

M・C・エッシャーに感謝をささぐ。── R.B.

## 【もくじ】

水場にきたサイが、カバとばったり出会ったら、何が起きるでしょう。
もし、戦いになったらどうなるでしょう。勝つのはどっちだと思いますか。

# サイについて知ろう

サイは、英語で「ライナセラス」、省略して「ライノ」といいます。
「鼻に角がある」という意味です。

**シロサイのひみつ**
シロサイは、泳げないんだ。

**知ってる?**
シロサイは、陸にすむほ乳類のなかで、からだの大きさ第2位！ シロサイより大きいのはゾウだけだよ。

これは、シロサイです。シロサイの学名は、「ケラトテリウム・スィムム」で、
「角のある野生動物で、鼻が短いもの」という意味です。

# カバについて知ろう

カバは、英語で「ヒポポタマス」、省略して「ヒッポ」といいます。「川のウマ」という意味です。日本語でも漢字で書くと「河馬」ですね。

**知ってる？**
カバは、ほ乳類だよ。

**ほ乳類**
たいていは皮ふに体毛が生え、気温にかかわらず体温を一定に保ち、子どもを乳で育てる動物のこと。

カバの学名は、「ヒポポタムス・アンフィビウス」といいます。「陸と水のなかの両方にすむ、川のウマ」という意味です。

# どんなサイがいる？

サイには、5つの種がいます。

**名前のひみつ**

シロサイという名前は、オランダ語の「ワイト（幅広い）」がどうしたわけか英語では「ホワイト（白）」になっちゃったみたいなんだ。

**シロサイ**

アフリカにすんでいます。

**からだの色のひみつ**

色の名前がついているけれど、シロサイは白くないし、クロサイも黒くないんだ。どちらのサイも灰色だよ。

**インドサイ**

おもにインド北部にすんでいます。

**クロサイ**

おもにアフリカ南部にすんでいます。

**角のひみつ**

インドサイとジャワサイの角は1本だよ。

**ジャワサイ**

インドネシアのジャワ島にすんでいます。

**スマトラサイ**

おもにインドネシアのスマトラ島とボルネオ島にすんでいます。

# どんなカバがいる？

カバには、2つの種がいます。

**カバ**

おもにアフリカの中部から南部にすんでいます。

**コビトカバの大きさのひみつ**

コビトカバの体高はカバの半分くらいで、
高くても1メートルだよ。

**コビトカバ**

アフリカの西部にすんでいます。

**コビトカバの体重のひみつ**

コビトカバの体重は、カバの
10分の1くらいしかないよ。

# シロサイはどこにすんでいる？

シロサイがすんでいる場所はアフリカです。

**すむところのひみつ**
サイは、草原やサバナ（サバンナ）にすんでいるんだよ。

**サバナ**
熱帯、亜熱帯の、木がまばらに生える草原地帯のこと。

# カバはどこにすんでいる？

カバがすんでいるのもアフリカです。

**すむところのひみつ**

カバは、湖や川や湿地など、からだがつかる水のあるところにしかすまないんだよ。

**知ってる？**

カバは、昼間は水のなかで休んでいるんだ。そうしていればきびしい暑さからも身をまもれるよね。

# サイの食べもの

サイが食べるのは草、草、草。大量に食べます。草食動物ですから、カバを食べようなんて考えません。シロサイの口は平べったくて幅が広く、地面にはわせるようにして草を食べます。口のなかには平らで大きな臼のような歯がならび、あごを前後左右に動かすと草を完全にすりつぶせます。

**草食動物**
おもに草を食べて生きる動物のこと。

# サイの赤ちゃん

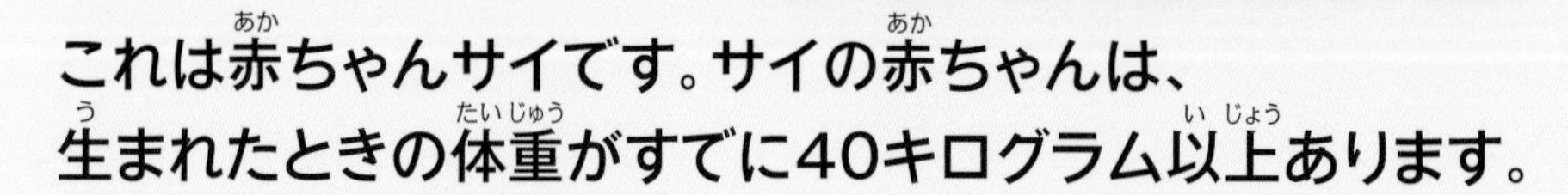

これは赤ちゃんサイです。サイの赤ちゃんは、
生まれたときの体重がすでに40キログラム以上あります。

**おなかのひみつ**

草食動物のなかには反芻することで植物から栄養をのこさず吸収するものがいるよ。でもサイは反芻しないので、その分たくさん食べるんだ。

**反芻**
一度のみこんだものをふたたび口のなかにもどして、またよくかんでのみこむこと。

# カバの食べもの

カバも草食動物です。地面に生えた草を食べてくらしています。木の葉を食べることもあります。昼は川や湖などの水のなかで休んでいて、夜になると陸にあがって草を食べます。

**えさ場のひみつ**
カバが食べたあとの草地は、まるで芝刈りされたようになるんだ。「カバの芝生」というよ。

# カバの赤ちゃん

これは赤ちゃんカバです。カバの赤ちゃんは、生まれたときの体重が30～50キログラムあります。サイの赤ちゃんもカバの赤ちゃんもかわいいですね。

**おなかのひみつ**
カバも反芻しないよ。

**知ってる?**
カバの赤ちゃんも水のなかが大好きなんだ。泳ぐように歩くよ。

# サイの骨のつくり

サイは脊椎動物です。脊椎動物には背骨があります。

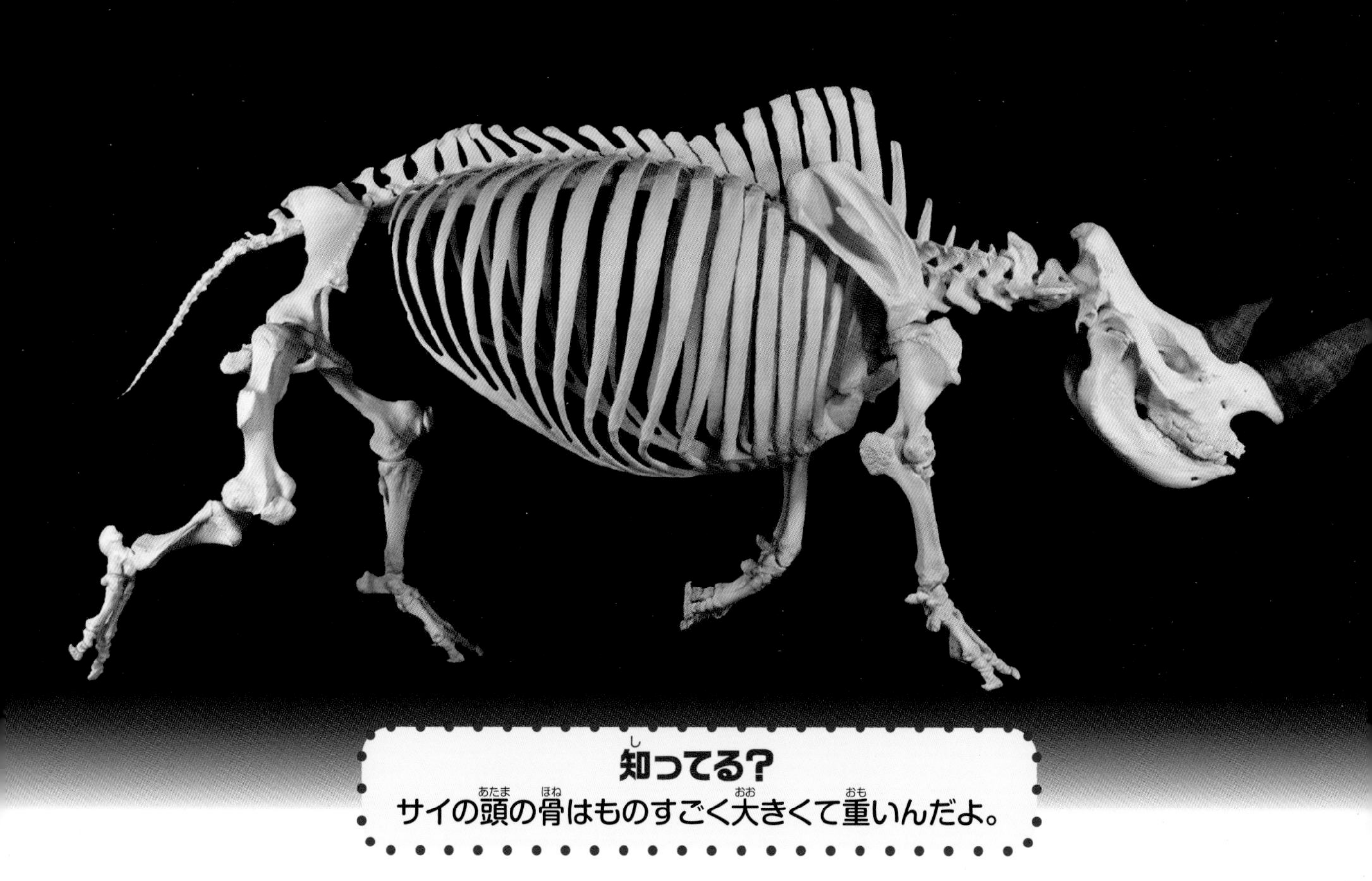

**知ってる?**
サイの頭の骨はものすごく大きくて重いんだよ。

昆虫のなかにもサイがいます。カブトムシのなかまです。英語では「ライナセラス・ビートル(サイのような甲虫)」といいます。

**知ってる?**
日本語でも「サイカブト」という名前の甲虫がいるよ。

# カバの骨のつくり

カバも脊椎動物です。脳から尾まで、脊椎のなかには、長い管のような神経（脊髄）が通っています。

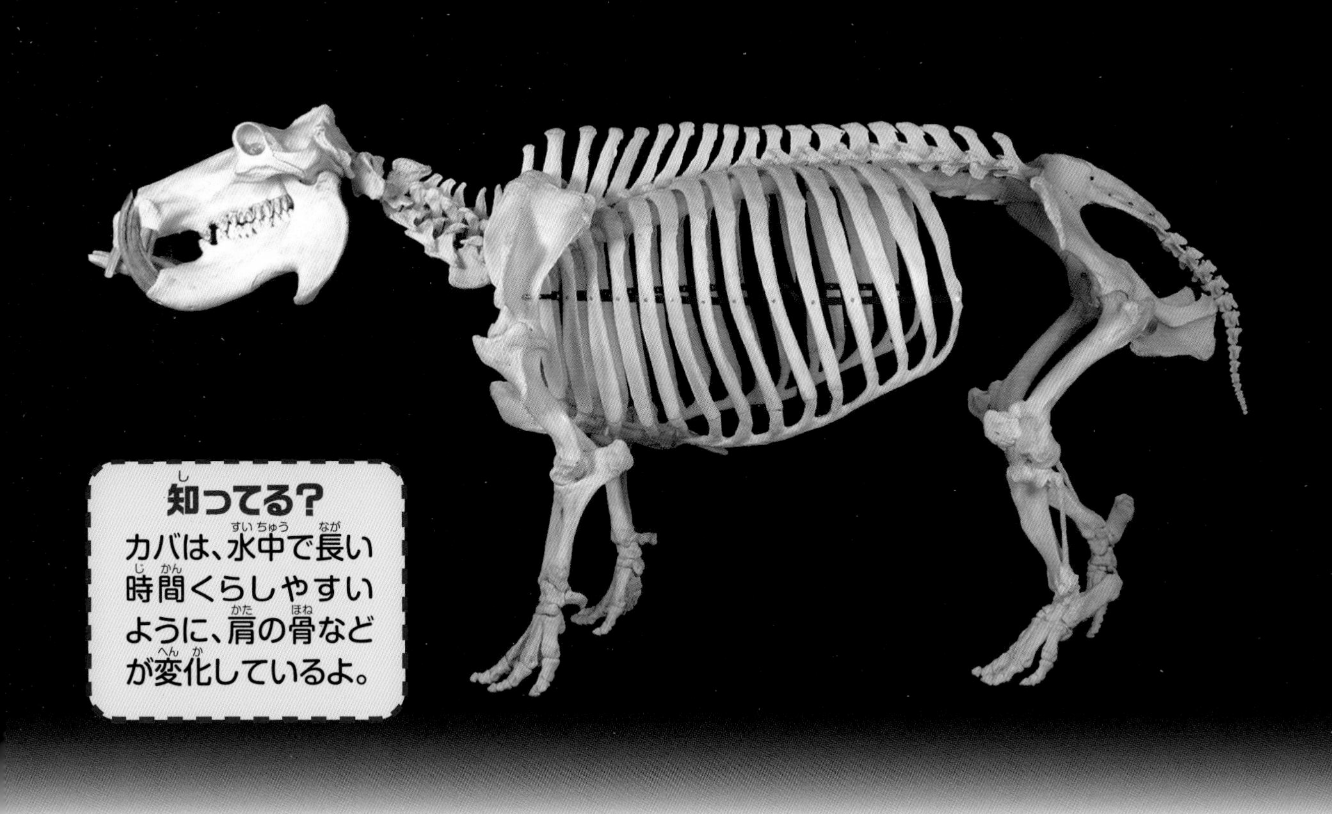

**知ってる？**
カバは、水中で長い時間くらしやすいように、肩の骨などが変化しているよ。

昆虫のなかにはカバもいます。頭部がカバそっくりの「カバガオコガネ」です。

**ほんとかな？**
カバガオコガネは、英語では「ヒッポ・フェイス・ビートル（カバ顔の甲虫）」というよ。

**知ってる？**
12ページと13ページに出てきた2匹の昆虫のうち、1匹はほんとうはいないよ。どっちかわかるよね？

答え：カバガオコガネ

# サイと小鳥

サイに乗せてもらえたらいいな、と思いませんか。そう思うのはみなさんだけではないようです。ウシツツキという鳥は、よくサイの背中に乗せてもらっています。ウシツツキは、サイにたかるダニやノミ、吸血バエ、皮ふに寄生する虫などを食べます。

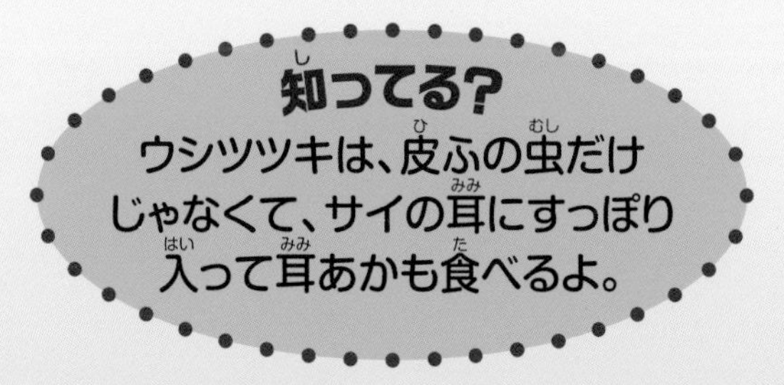


**ウシツツキのひみつ**

ウシツツキは、サイのガードマンともよばれているよ。密猟者などをいちはやく見つけてくれるんだ。

**ウシツツキの色のひみつ**

ウシツツキは、目が赤くて、くちばしも全体や先が赤いから、すぐわかるよ。

ウシツツキはサイやゾウなど大型のほ乳類がいるところにしかすんでいません。サイだけでなく、ウシやキリン、シマウマ、バッファローなどの背中にもとまります。サイは、皮ふにたかる虫を食べてくれるので大助かりです。ウシツツキもサイにまもられて、敵を心配せずに食事ができます。

# カバと魚

水が大好きなカバは、昼間は水のなかですごします。水中のカバのまわりにはコイなどの魚が集まってきて、歯や皮ふや口のまわりなどをきれいにしてくれます。それも水のなかが好きな理由のひとつかもしれません。

**掃除魚**

動物の口のなかの食べかすやからだについた寄生虫などを食べる魚。

カバが水中にいるときに集まってくる魚のなかには、掃除魚といわれる魚たちがいるよ。

**呼吸のひみつ**

カバは、水中で5分くらい息をとめていられるんだよ。

カバは水が好きです。人間も水が必要です。水をめぐっては、カバと人間の間で争いが起きることもあります。

# サイのひづめ

サイのひづめは3つです。

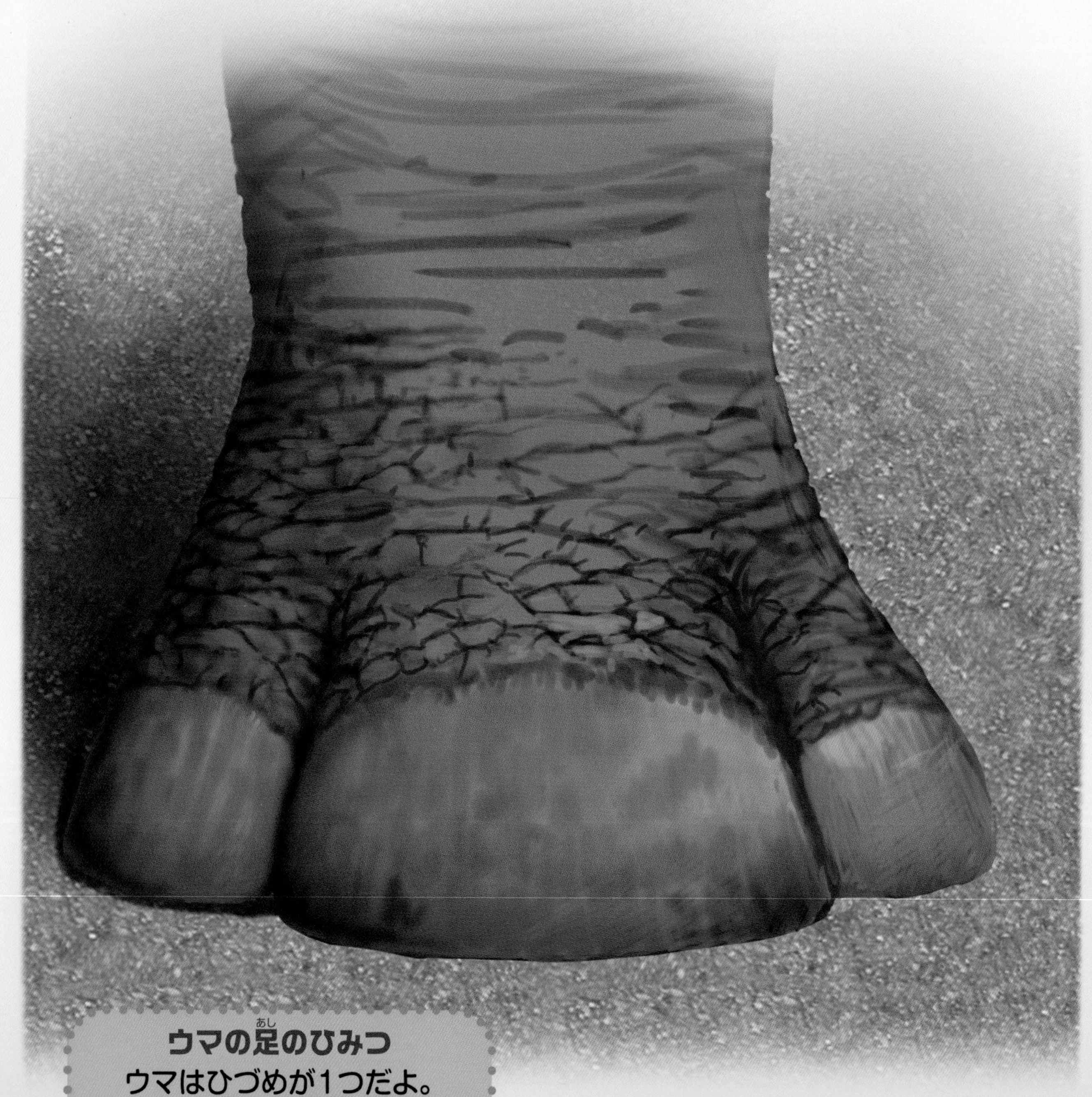

**ウマの足のひみつ**
ウマはひづめが1つだよ。
サイと同じで奇数だね。

**陸にすむ最大のほ乳類**

**陸にすむ2番目に大きいほ乳類**

# カバのひづめ

カバのひづめは4つです。

**ひづめの数のひみつ**

ひづめの数が、2つや4つの偶数の動物と、1つや3つの奇数の動物がいるよ。

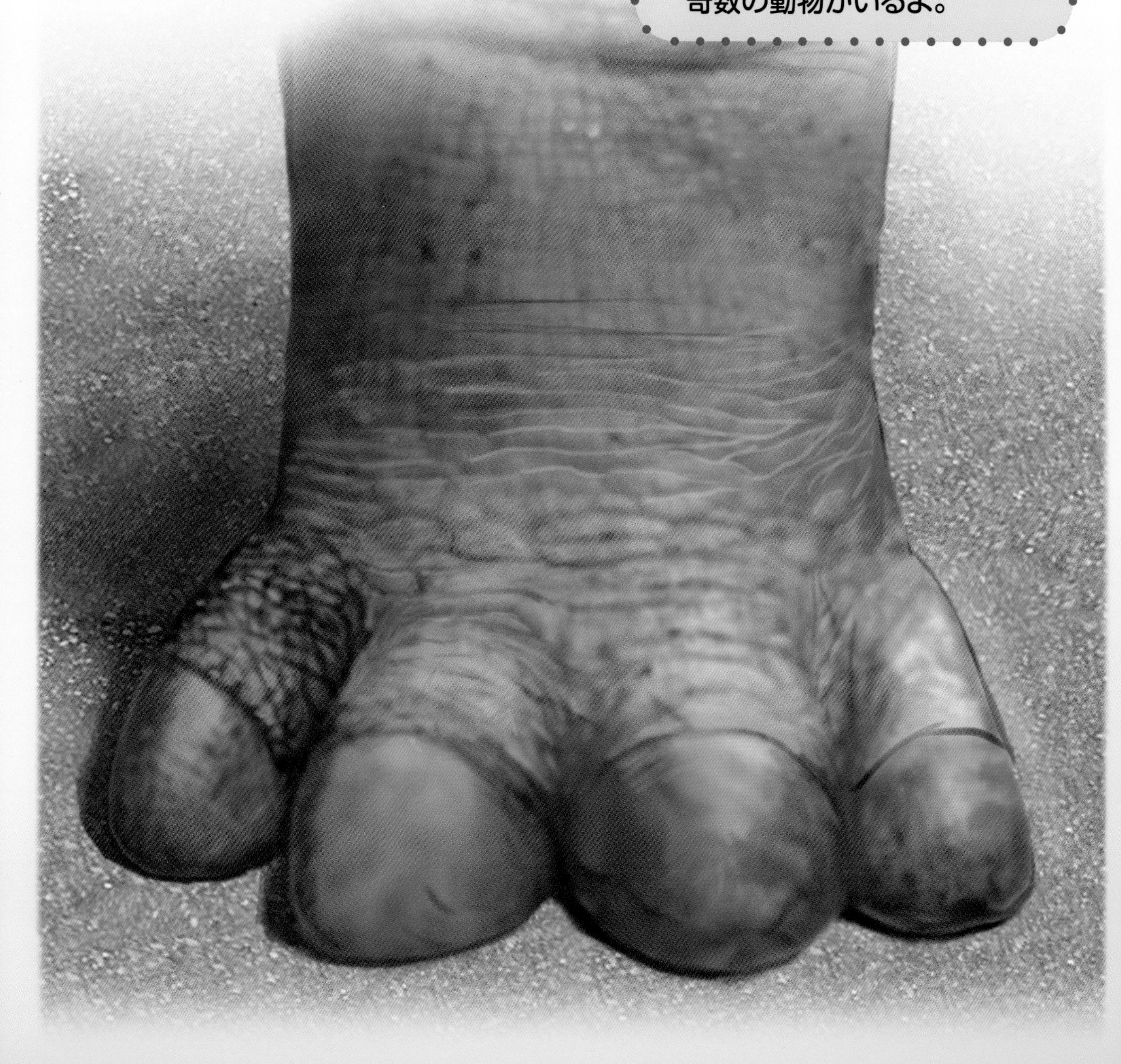

陸にすむ3番目に大きいほ乳類

地球上で最大のほ乳類
シロナガスクジラ

ヒト

# サイの武器

角はサイの武器です。敵に襲われたらこの角で応戦します。けれど、最大の武器は、その巨体です。大きいものは、体高が180センチメートル以上、体重が3600キログラム近くにもなります。

**角のひみつ**
サイの角は、ケラチンでできているんだ。
みなさんの髪の毛や爪と同じだよ。

# カバの武器

カバの武器は口です。150度もひらきます。ひらいたときの大きさと、口のなかの巨大な牙やとがった歯に、どんなものも圧倒されます。あごの力も、ライオンやジャガーより強力です。かみつかれたら無事ではすみません。草を食べるときは、臼のような奥歯をつかってすりつぶします。

## 2700キログラム

カバのからだの大きさも、強力な武器です。

# サイの皮ふ

サイの皮ふは、ぶあつくてかたく、肉食動物の牙や爪もかんたんには通しません。ほ乳類にはふつう体毛がありますが、サイは、おとなになると、体毛がほとんどなくなります。

**泥あびのひみつ**

サイは水場などでよく泥あびをするよ。そうやって焼けつく日差しから体毛のない皮ふをまもっているんだ。泥あびには、防虫効果もあるよ。

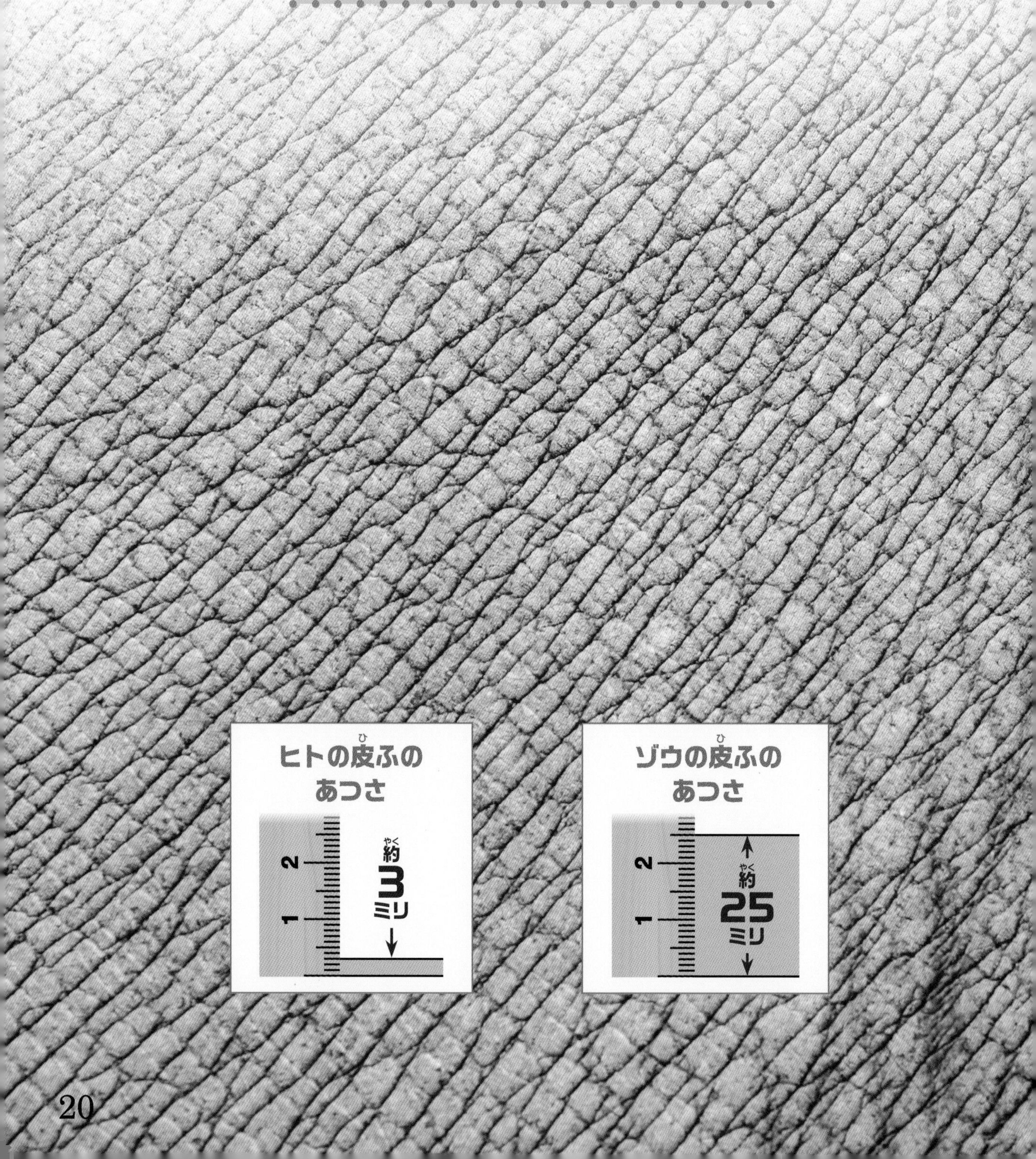

# カバの皮ふ

カバの皮ふも、とてもぶあつくて、体毛はまばらでほとんどありません。

**カバの皮ふのひみつ**
カバの皮ふはぶあついけれど、
表面は乾燥に弱いんだよ。

**知ってる?**
カバはじぶんでスキンローションを
出せるんだ。赤っぽい粘液で
からだをおおって日光から
まもっているんだよ。

シロサイの皮ふの
あつさ

4
3
2
1
約
40
ミリ

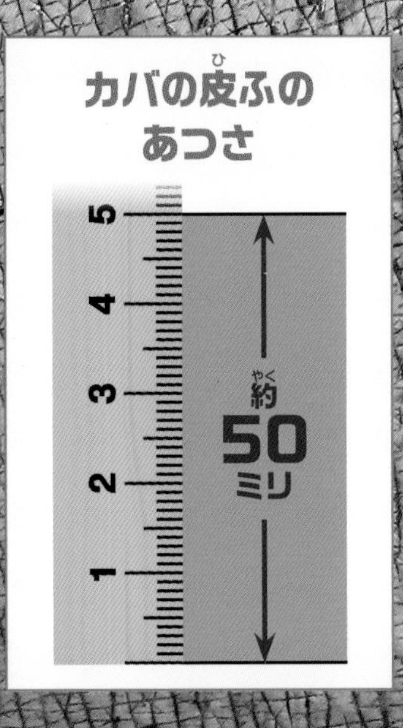

# サイの耳

サイの耳は、ラッパのようなかたちをしていて、くるくるとよく動きます。しかも左右別べつに、360度あらゆる方向に動かせます。

# カバの顔

水のなかですごすことの多いカバは、頭をほんの少し出すだけで、目も鼻も耳も水面に出せます。からだのほとんどを水中にしずめたまま、息つぎも気にせずにあたりのようすを見張ることができます。

**カバの鼻のひみつ**
カバは鼻の筋肉もすごくて、鼻のあなを自由にとじたりひらいたりできるんだよ。

**知ってる？**
カバは眠るのも水中だよ。最長でも5分おきには水面に顔を出して息つぎをするんだ。

# サイのスピード

シロサイが全力で走るときのスピードは、時速50キロメートル近くにもなります。

**走り方のひみつ**

サイは、ウマが全速力で
走るときの「ギャロップ」という
走り方ができるんだよ。

# カバのスピード

カバは時速30キロメートル近くで走ることができます。でもマラソンなど長距離走には興味はありません。

**スピードのひみつ**
カバに追いかけられたら、人間が逃げきるのはむずかしいよ。

**知ってる?**
最近、DNAの研究が進んで、カバは、イノシシやウシよりも、クジラやイルカに近い動物だとわかってきたんだ。

**DNA**
細胞の核のなかにあり、遺伝子がつまっている設計図。

# サイのおしり

聞いてください。サイのおしりは描かないようにいったのですが、この本のイラストレーターは描いてしまいました！

**知ってる？**

サイのしっぽには、とくべつすごいところはないよ。

# カバのおしり

カバのおしりも描くなと伝えましたが、
イラストレーターはまたしても描いてしまいました！

カバは短いしっぽをしています。ユキヒョウの尾のように長くもなく、ウマのように
ふさふさもしていません。カンガルーのようにからだのバランスをとる役目もない
ようですね。

# さあ、ここからはガチンコ対決だよ！

のどがからからのシロサイが水場にやってきました。すると、何もいないように見える水のなかから、とつぜん、何かがあらわれました。
カバです。カバが巨大な口をガバッとひらいておどかしたのです。目の前いっぱいに、牙の光るカバの大口がひらき、シロサイは逃げていきました。

シロサイは水が飲みたくてたまりません。そこで、こんどは水を飲む前にカバを見つけて追いたてました。シロサイの角が光ります。カバは水のなかにすがたを消しました。

シロサイはカバを食べません。カバはシロサイを食べません。ですが、このように水場をめぐって争いになることはあります。

カバが水中からまた巨大な口をあけ、シロサイは思わず逃げだしました。

シロサイは、またもどってきました。
頭を低くして巨大な角をつきだすと、カバに突進していきました。

カバは大きなからだに似合わないすばやさでくるりと背後にまわりこみ、シロサイの後ろ脚にかみつきました。ボキッ。にぶい音がして、シロサイの脚はくだかれてしまいました。シロサイは、脚を引きずりながら逃げていきました。

シロサイは、カバと対決するなどという、とんでもないまちがいをしてしまったのです。

# どっちが強い？チェックリスト

| サイ | | カバ |
| --- | --- | --- |
| □ | 体重 | □ |
| □ | からだの大きさ | □ |
| □ | 武器 | □ |
| □ | 皮ふ | □ |
| □ | 聴力 | □ |
| □ | 泳ぎ | □ |
| □ | スピード | □ |
| □ | ？ | □ |

これは、サイとカバが戦いになったときの結末のひとつにすぎません。
みなさんならどんな結末が浮かびますか。上のチェックリストを参考に、くらべてみたい項目をふやして、みなさん自身の対決ドラマを考えてみましょう。もう一度この本を読みかえしたり、ほかの本を調べたりしてみましょう。

## さくいん



**ジェリー・パロッタ Jerry Pallotta**

1953年生まれ。子どもたちに絵本を読んであげるようになったとき、ABC Bookといえば、[A]ppleからはじまり[Z]ebraで終わる本ばかりなのに退屈して絵本を自作したのをきっかけに、子どもの本の著作をはじめる。現在にいたるまでに、20冊以上のAlphabet bookをはじめ、"Who Would Win?"(本シリーズ)など、シンプルにしておもしろい自然科学の本を多数手がけ、数多くの賞を受賞している。

**ロブ・ボルスター Rob Bolster**

イラストレーター。新聞や雑誌の広告の仕事をするかたわら、若い読者向けの本のイラストも数多く手がけている。
マサチューセッツ州ボストン近郊在住。

**大西 昧**(おおにし まい)

1963年、愛媛県生まれ。東京外国語大学卒業。出版社で長年児童書の編集に携わった後、翻訳家に。
主な訳書に、『ぼくはO・C・ダニエル』『世界の子どもたち(全3巻)』『おったまげクイズ500』(いずれも鈴木出版)などがある。